建筑机械使用安全技术规程强制性条文

(JGJ 33—2001)

建设部工程质量安全监督与行业发展司　组织编写

中国建筑工业出版社

图书在版编目(CIP)数据

图说建筑机械使用安全技术规程强制性条文(JGJ 33—2001)建设部工程质量安全监督与行业发展司组织编写．—北京：中国建筑工业出版社，2003

ISBN 978-7-112-05896-9

Ⅰ．图… Ⅱ．建 Ⅲ．建筑机械–使用–安全规程–中国–图解
Ⅳ．TU607-65

中国版本图书馆 CIP 数据核字(2003)第 050146 号

图 说
建筑机械使用安全技术规程强制性条文
（JGJ 33—2001）
建设部工程质量安全监督与行业发展司 组织编写

*

中国建筑工业出版社出版、发行（北京西郊百万庄）
各地新华书店、建筑书店经销
北京同文印刷有限责任公司印刷

*

开本：787×1092 毫米 1/32 印张：2$\frac{1}{2}$ 字数：60 千字
2005 年 4 月第一版 2007 年 8 月第六次印刷
印数：14701—20700 册 定价：**15.00** 元
ISBN 978-7-112-05896-9
(11535)

版权所有 翻印必究
如有印装质量问题，可寄本社退换
（邮政编码 100037）

本社网址：http://www.cabp.com.cn
网上书店：http://www.china-building.com.cn

本书以插图的形式，对《建筑机械使用安全技术规程》（JGJ 33—2001）中65条强制性条文做了形象展示，并配以简要说明，使规程条文变得生动活泼通俗易懂。本书内容精炼、形式新颖，是学习规程的辅助教材，也可作为对建筑机械操作人员进行安全教育和培训的必备读物。

※　※　※

责任编辑　周世明
责任设计　崔兰萍
责任校对　黄　燕

编委会成员

主　任：徐　波

副主任：吴慧娟　尚春明　吴之乃

编　委：于文藻　曲　琦　丁传波　邓　谦　姚天玮
　　　　张文和　贾立才　钱　风　刘贵语　刘嘉福

审　定：邓　谦　邵永清　戴贞洁　耿洁明　肖　江
　　　　孟启然　姚圣龙　王保瑞　周　燕

绘　图：徐欣然

序 言

"安全第一,预防为主"是我国安全生产工作的基本方针,写入党的十三届五中全会决议,党和国家领导人多次为安全生产做出重要指示,并制定《中华人民共和国安全生产法》,国务院也颁发了《建设工程安全生产管理条例》、《安全生产许可证条例》和《特种设备安全监察条例》以及《国务院关于进一步加强安全生产工作的决定》。

建筑业是事故多发性的行业,建筑机械设备伤害是建筑业五大伤害事故之一,管好用好建筑机械设备,既是贯彻以人为本,体现保障人民生命财产安全,又是保障施工生产安全高效的一个重要条件。

为了在我国建筑施工人员中,更好地普及安全知识,提高安全意识,增强自我保护能力,积极推动施工现场安全教育的普及化、系统化、科学化,提高安全教育的质量和水平,我司组织了建筑机械设备专家、学者和有关人员,总结历年来机械设备安全生产的经验和教训,依托《建筑机械使用安全技术规程》中的强制性条文,用生动形象的图示,介绍了部分建筑机械设备安全使用须知,本书深入浅出,图文并茂,浅显易懂,适用性强,是《建筑施工人员安全常识读本》的重要辅助教材。

建设部工程质量安全监督与行业发展司
2004年8月

关于发布行业标准《建筑机械使用安全技术规程》的通知

建标〔2001〕164号

根据建设部《关于印发〈一九九六年工程建设城建、建工行业标准制订、修订计划〉的通知》(建标〔1996〕522号)的要求,由甘肃省建筑工程总公司主编的《建筑机械使用安全技术规程》,经审查,批准为行业标准,其中2.0.1、2.0.5、2.0.8、2.0.9、2.0.15、2.0.16、3.1.7、3.1.8、3.1.11、3.1.14、3.6.17、3.6.19、3.7.14、4.1.5、4.1.8、4.1.10、4.1.12、4.1.16、4.2.6、4.2.10、4.2.12、4.3.21、4.4.6、4.4.42、4.4.47、4.7.8、5.1.3、5.1.5、5.1.9、5.1.10、5.3.12、5.4.8、5.5.6、5.5.17、5.10.21、5.11.4、5.12.10、5.13.7、5.13.16、5.14.3、6.1.15、6.2.2、6.2.4、6.3.3、6.3.6、6.5.4、6.5.6、6.5.7、6.7.9、6.7.10、6.9.9、6.12.1、6.12.9、7.1.4、7.1.8、7.3.11、7.5.18、7.6.7、7.11.2、8.2.13、8.8.3、9.5.2、10.6.2、12.1.2、12.1.9、12.1.11、12.1.13、12.14.6、12.14.16为强制性条文,必须严格执行。该标准编号为JGJ 33—2001,自2001年11月1日起施行。原标准《建筑机械使用安全技术规程》JGJ 33—86同时废止。

本标准由建设部建筑安全标准技术归口单位北京中建建筑科学技术研究院负责管理,甘肃省建筑工程总公司负责具体解释,建设部标准定额研究所组织中国建筑工业出版社出版。

中华人民共和国建设部
2001年7月30日

目 录

一般规定 ………………………………………………… 1
2.0.1 条 ………………………………………………… 1
2.0.5 条 ………………………………………………… 2
2.0.8 条 ………………………………………………… 3
2.0.9 条 ………………………………………………… 4
2.0.15 条 ……………………………………………… 5
2.0.16 条 ……………………………………………… 6

动力与电气装置 ……………………………………… 7
3.1.7 条 ………………………………………………… 7
3.1.8 条 ………………………………………………… 8
3.1.11 条 ……………………………………………… 9
3.1.14 条 ……………………………………………… 10
3.6.17 条 ……………………………………………… 11
3.6.19 条 ……………………………………………… 12
3.7.14 条 ……………………………………………… 13

起重吊装机械 ………………………………………… 14
4.1.5 条 ………………………………………………… 14
4.1.8 条 ………………………………………………… 15
4.1.10 条 ……………………………………………… 16
4.1.12 条 ……………………………………………… 17
4.1.16 条 ……………………………………………… 18
4.2.6 条 ………………………………………………… 19
4.2.10 条 ……………………………………………… 20

4.2.12 条 ······ 21
4.3.21 条 ······ 22
4.4.6 条 ······ 23
4.4.47 条 ······ 24
4.7.8 条 ······ 25

土石方机械 ······ 26

5.1.3 条 ······ 26
5.1.5 条 ······ 27
5.1.9 条 ······ 28
5.1.10 条 ······ 29
5.3.12 条 ······ 30
5.4.8 条 ······ 31
5.5.6 条 ······ 32
5.5.17 条 ······ 33
5.10.21 条 ······ 34
5.11.4 条 ······ 35
5.12.10 条 ······ 36
5.13.7 条 ······ 37
5.13.16 条 ······ 38
5.14.3 条 ······ 39

水平和垂直运输机械 ······ 40

6.1.15 条 ······ 40
6.2.2 条 ······ 41
6.2.4 条 ······ 42
6.3.3 条 ······ 43
6.3.6 条 ······ 44
6.5.4 条 ······ 45
6.5.6 条 ······ 46
6.5.7 条 ······ 47
6.7.9 条 ······ 48

- 6.7.10条 ········· 49
- 6.9.9条 ········· 50
- 6.12.1条 ········· 51
- 6.12.9条 ········· 52

桩工及水工机械 ········· 53

- 7.1.4条 ········· 53
- 7.1.8条 ········· 54
- 7.3.11条 ········· 55
- 7.5.18条 ········· 56
- 7.6.7条 ········· 57
- 7.11.2条 ········· 58

混凝土机械 ········· 59

- 8.2.13条 ········· 59
- 8.8.3条 ········· 60

钢筋加工机械 ········· 61

- 9.5.2条 ········· 61

装修机械 ········· 62

- 10.6.2条 ········· 62

铆焊设备 ········· 63

- 12.1.2条 ········· 63
- 12.1.9条 ········· 64
- 12.1.13条 ········· 65

后　记 ········· 66

一 般 规 定

一般规定

2.0.1 操作人员应体检合格,无妨碍作业的疾病和生理缺陷,并应经过专业培训、考核合格取得建设行政主管部门颁发的操作证或公安部门颁发的机动车驾驶执照后,方可持证上岗。学员应在专人指导下进行工作。

【本条规定了操作人员应具备的条件和持证上岗的要求,这是保证安全操作的基本条件】

图说　建筑机械使用安全技术规程强制性条文

2.0.5　在工作中操作人员和配合作业人员必须按规定穿戴劳动保护用品，长发应束紧不得外露，高处作业时必须系安全带。

【作业人员应有自我保护意识，按规定穿戴劳动保护用品是保证作业安全的最基本措施，必须遵守】

一 般 规 定

2.0.8 机械必须按照出厂使用说明书规定的技术性能、承载能力和使用条件,正确操作,合理使用,严禁超载作业或任意扩大使用范围。

【机械作业能力和使用范围是有一定限度的。当超过原设计规定的限度时就容易导致事故。因此,在使用机械前,必须认真阅读该机械的使用说明书,并认真执行】

额定起重量

图说 建筑机械使用安全技术规程强制性条文

2.0.9　机械上的各种安全防护装置及监测、指示、仪表、报警等自动报警、信号装置应完好齐全，有缺损时应及时修复。安全防护装置不完整或已失效的机械不得使用。

【机械上的安全防护及信号装置，能及时预报机械的安全状态，防止发生事故，保证机械设备的安全运行，因此，需要保持完好有效】

一般规定

2.0.15 变配电所、乙炔站、氧气站、空气压缩机房、发电机房、锅炉房等易于发生危险的场所,应在危险区域界限处,设置围栏和警告标志,非工作人员未经批准不得入内。挖掘机、起重机、打桩机等重要作业区域,应设立警告标志及采取现场安全措施。

【这是对危险作业场所的具体保护措施所提出的基本要求】

2.0.16 在机械产生对人体有害的气体、液体、尘埃、渣滓、放射性射线、振动、噪声等场所,必须配置相应的安全保护设备和三废处理装置;在隧道、沉井基础施工中,应采取措施,使有害物限制在规定的限度内。

【这是防止因机械在运行中产生的有害因素,而对人体及环境造成危害所提出的要求】

通风机

动力与电气装置

3.1.7 严禁利用大地作工作零线，不得借用机械本身的金属结构作工作零线。

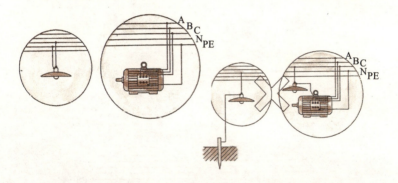

【如果利用大地作工作零线，当接地部分出现断点，此点至电气设备的线路对地电压会达到220V。

如果利用金属结构作工作零线，当金属结构部分出现断点，电流不能导通时，此点至电气设备的线路及金属结构部分的对地电压均会达到220V。这两种情况都是十分危险的，容易引起触电事故】

3.1.8 电气设备的每个保护接地或保护接零点必须用单独的接地(零)线与接地干线(或保护零线)相连接。严禁在一个接地(零)线中串接几个接地(零)点。

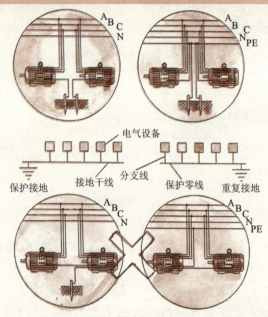

【无论采用保护接地或保护接零都不允许串联。如果多台设备保护接地串联,则当其中一台设备的相线发生碰壳时,所有串联设备外壳就会同时具有与保护接地处相同的电位。如果串联的保护线某处发生断开或接触不良现象时,将会使一部分用电设备失去保护。这都易导致触电事故】

3.1.11 严禁带电作业或采用预约停送电时间的方式进行电气检修。检修前必须先切断电源并在电源开关上挂"禁止合闸，有人工作"的警告牌。警告牌的挂、取应有专人负责。

【带电作业容易导致触电事故，采用预约停送电时间方式易发生误操作事故，故维修前必须切断电源，对线路进行测试，确认无电并锁好开关箱，挂上警示牌。如设备有电容器时，应先进行放电】

3.1.14　发生人身触电时，应立即切断电源，然后方可对触电者作紧急救护。严禁在未切断电源之前与触电者直接接触。

【因为人体属导电体，在未切断电源之前，触电者存在危险电压，救护人员在接触时，有导致触电的危险】

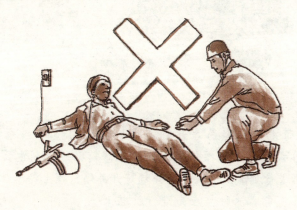

3.6.17 各种电源导线严禁直接绑扎在金属架上。

【主要防止导线绝缘老化、机械损伤等原因引起的金属构架带电而导致的触电事故】

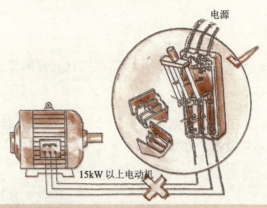

15kW以上电动机

3.6.19 配电箱电力容量在15kW以上的电源开关严禁采用瓷底胶木刀型开关。4.5kW以上电动机不得用刀型开关直接启动。各种刀型开关应采用静触头接电源,动触头接载荷,严禁倒接线。

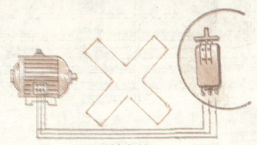

4.5kW以上电动机

【由于刀形开关是手动,通断速度慢、灭弧能力差,用在容量较大的电动机上,易产生较强电弧,所以应采用自动空气开关等通断速度快的装置。倒接线是指动触头接电源,拉闸后动触头金属部分露在壳体外,会带来触电的危险】

3.7.14 使用射钉枪时应符合下列要求：

1 严禁用手掌推压钉管和将枪口对准人；

2 击发时，应将射钉枪垂直压紧在工作面上，当两次扣动扳机，子弹均不击发时，应保持原射击位置数秒钟后，再退出射钉弹；

3 在更换零件或断开射钉枪之前，射枪内均不得装有射钉弹。

【为防止射钉枪的伤人事故，应对使用人员进行严格管理。使用射钉枪人员必须经过培训。使用前要进行安全交底】

起重吊装机械

4.1.5 起重吊装的指挥人员必须持证上岗，作业时应与操作人员密切配合，执行规定的指挥信号。操作人员应按照指挥人员的信号进行作业，当信号不清或错误时，操作人员可拒绝执行。

【起重吊装的指挥属特种作业，人员都要经过培训后持证上岗。应按国家标准《起重机吊运信号》的规定进行指挥。操作人员要听从指挥人员的指挥，当发现错误指挥时要拒绝执行，防止因指挥失误造成事故】

4.1.8 起重机的变幅指示器、力矩限制器、起重量限制器以及各种行程限位开关等安全保护装置，应完好齐全、灵敏可靠，不得随意调整或拆除。严禁利用限制器和限位装置代替操纵机构。

【起重机各安全保护装置是为避免由于操作失误或机械故障引起事故而设置的，必须保持良好技术状况。如果用安全装置代替操纵机构，不仅会使安全装置损坏而且容易导致事故】

4.1.10 起重机作业时,起重臂和重物下方严禁有人停留、工作或通过。重物吊运时,严禁从人上方通过。严禁用起重机载运人员。

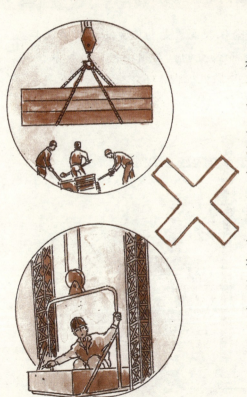

【主要防止起重机作业时由于意外故障造成的臂杆震颤、钢丝绳抖动、重物滑落等导致发生伤害事故。除施工升降机等载人的起重机械外,其他任何施工用起重机械都不得载运人员,以免发生人身事故】

4.1.12 严禁使用起重机进行斜拉、斜吊和起吊地下埋设或凝固在地面上的重物以及其他不明重量的物体。现场浇筑的混凝土构件或模板,必须全部松动后方可起吊。

【起重机的额定起重量是以起重钢丝绳在垂直状态下确定的。斜拉、斜吊、起吊不明重量及埋在地下的物体,都会造成超载和影响起重机的稳定性,还可导致钢丝绳出槽、起重臂扭弯和机身倾翻等事故】

4.1.16 严禁起吊重物长时间悬挂在空中，作业中遇突发故障，应采取措施将重物降落到安全地方，并关闭发动机或切断电源后进行检修。在突然停电时，应立即把所有控制器拨到零位，断开电源总开关，并采取措施使重物降到地面。

【使用起升制动器，可使起吊重物停留在空中，如长时间悬挂重物遇操作人员疏忽或制动器失灵时，将使重物快速下降，以致失控而造成事故。因此，在停电或突发故障时，需将重物降到地面，并把所有控制器拨到零位，以确保在重新接通电源时，不致发生误动作】

起重吊装机械

4.2.6 起重机变幅应缓慢平稳,严禁在起重臂未停稳前变换档位;起重机载荷达到额定起重量的90%及以上时,严禁下降起重臂。

【防止由于过快和不稳的变幅操作,导致变幅机构制动器的摩擦片打滑,因而造成起重臂失控滑杆;当载荷接近额定起重量时,由于下降起重臂造成幅度增加起重能力减小,将会造成起重机倾覆等事故】

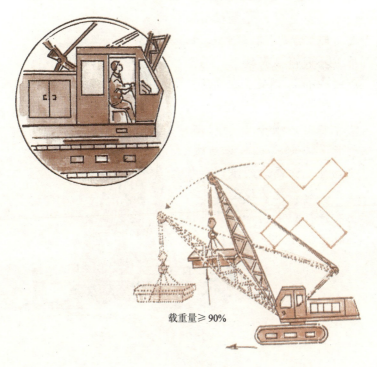

载重量≥90%

图说 建筑机械使用安全技术规程强制性条文

4.2.10　当起重机如需带载行走时，载荷不得超过允许起重量的70%，行走道路应坚实平整，重物应在起重机正前方向，重物离地面不得大于500mm，并应拴好拉绳，缓慢行驶。严禁长距离带载行驶。

【起重机带载行走时，由于机身晃动，起重机臂随之俯仰，幅度也不断变化，所吊重物因惯性而摆动，易形成"斜吊"，因此，需要降低额定起重量，以防止超载。为便于操作人员观察和控制，重物要在起重机的正前方。重物离地面高度的限制和拴拉绳措施，是为使运行中的重物保持稳定，如遇意外情况时重物可立即着地】

≤500mm

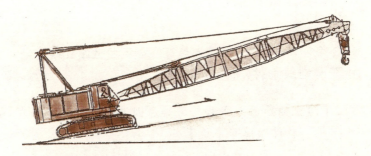

4.2.12 起重机上下坡道时应无载行走,上坡时应将起重臂仰角适当放小,下坡时应将起重臂仰角适当放大。严禁下坡空档滑行。

【起重机上下坡时,起重机的重心和起重臂的幅度是随着坡度而变化的,调整起重臂仰角的目的是使其重心处于合适的位置,防止倾覆。下坡空档滑行,将由于失去控制而造成事故】

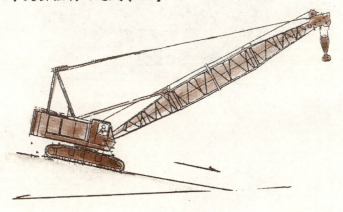

图说 建筑机械使用安全技术规程强制性条文

4.3.21 行驶时,严禁人员在底盘走台上站立或蹲坐,并不得堆放物件。

【防止因地面不平和转弯等原因造成车身不稳而发生人员、物件跌落等事故】

4.4.6 起重机的拆装必须由取得建设行政主管部门颁发的拆装资质证书的专业队进行，并应有技术和安全人员在场监护。

【由于起重机的拆装技术要求高、危险性大，如不了解起重机技术性能、不熟悉拆装工艺，就容易发生事故。为此，必须严格执行建设部有关规定】

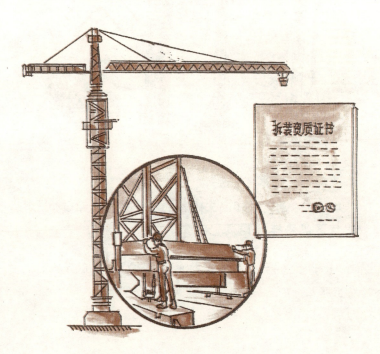

4.4.47 动臂式和尚未附着的自升式塔式起重机,塔身上不得悬挂标语牌。

【主要为防止大风骤起时,塔身受风压面加大而发生事故】

4.7.8 卷筒上的钢丝绳应排列整齐,当重叠或斜绕时,应停机重新排列,严禁在转动中用手拉脚踩钢丝绳。

【卷筒上的钢丝绳如排列不整齐,不仅影响传动机构运行的平稳性,也缩短了钢丝绳的使用寿命。当发生乱绳时,必须停止使用,重新排列。若采用转动中用手拉脚踩的方法容易被钢丝绳挤入卷筒,造成伤害事故】

5.1.3 土石方作业前,应查明施工场地明、暗设置物(电线、地下电缆、管道、坑道等)的地点及走向,并采用明显记号表示。严禁在离电缆1m距离以内作业。

【这一条主要是要求作业前充分了解施工现场的地面及地下情况,以便在挖土时采取安全和有效的作业方法,避免操作人员和机械以及地下重要设施遭受损害】

5.1.5 机械运行中,严禁接触转动部位和进行检修。在修理(焊、铆等)工作装置时,应使其降到最低位置,并应在悬空部位垫上垫木。

【机械检修保养必须遵守停机后进行的规定。对不能完全落地的部件,要将悬空部位垫牢,保持部件稳定,防止检修中位移造成的事故】

垫木

5.1.9 在施工中遇下列情况之一时应立即停工，待符合作业安全条件时，方可继续施工：
1 填挖区土体不稳定，有发生坍塌危险时；
2 气候突变，发生暴雨、水位暴涨或山洪暴发时；
3 在爆破警戒区内发出爆破信号时；
4 地面涌水冒泥，出现陷车或因雨发生坡道打滑时；
5 工作面净空不足以保证安全作业时；
6 施工标志、防护设施损毁失效时。

5.1.10 配合机械作业的清底、平地、修坡等人员，应在机械回转半径以外工作。当必须在回转半径以内工作时，应停止机械回转并制动好后，方可作业。

【如土方机械作业半径以内有其他人员与土方机械同时作业，就容易造成伤害事故。所以，必须在停机后进行】

5.3.12 在行驶或作业中,除驾驶室外,挖掘装载机任何地方均严禁乘坐或站立人员。

【由于行车时车身不稳定和作业时带来的危险,在挖掘装载机上站立或乘坐,都有可能造成意外伤害事故】

5.4.8 推土机行驶前,严禁有人站在履带或刀片的支架上,机械四周应无障碍物,确认安全后,方可开动。

【这是推土机在行驶前必须做到的安全要求。司机必须严格执行,防止发生人身事故】

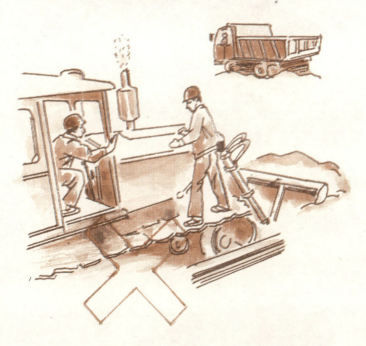

5.5.6 作业中，严禁任何人上下机械，传递物件，以及在铲斗内、拖把或机架上坐立。

【拖式铲运机不能单独作业，由于本身没有动力装置，需由拖拉机牵引，司机操作时对其控制是有限的，所以，在作业中必须注意，以防发生事故】

土石方机械

5.5.17 非作业行驶时，铲斗必须用锁紧链条挂牢在运输行驶位置上，机上任何部位均不得载人或装载易燃、易爆物品。

【拖式铲运机非作业行驶时必须挂牢铲斗，并不得载人及危险品，以防由于车身颠簸等原因使铲斗突然落地面而造成事故】

图说 建筑机械使用安全技术规程强制性条文

5.10.21 装载机转向架未锁闭时,严禁站在前后车架之间进行检修保养。

【由于采用全液压转向的装载机,如果转向架未锁闭时,有人在前后车架之间会造成严重的人身安全事故,因此要严禁】

土石方机械

5.11.4 夯实机作业时,应一人扶夯,一人传递电缆线,且必须戴绝缘手套和穿绝缘鞋。递线人员应跟随夯机后或两侧调顺电缆线,电缆线不得扭结或缠绕,且不得张拉过紧,应保持有3~4m的余量。

【由于蛙式夯实机的电缆较长,作业中并非直线进行。为防止夯打电缆造成触电伤害事故而规定了要有专人送线。为了保证送线人的安全,同样要求穿戴绝缘用品】

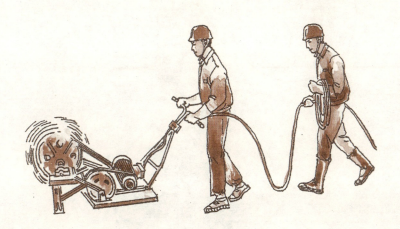

5.12.10 电动冲击夯应装有漏电保护装置,操作人员必须戴绝缘手套,穿绝缘鞋。作业时,电缆线不应拉得过紧,应经常检查线头安装,不得松动及引起漏电。严禁冒雨作业。

【按照施工用电规范要求,施工现场所有用电设备不仅要有保护接零措施,还应安装漏电保护器。对Ⅰ类手持电动工具,要求操作人员要穿戴绝缘防护用品】

5.13.7 严禁在废炮眼上钻孔和骑马式操作,钻孔时,钻杆与钻孔中心线应保持一致。

【防止由于误操作带来的危险】

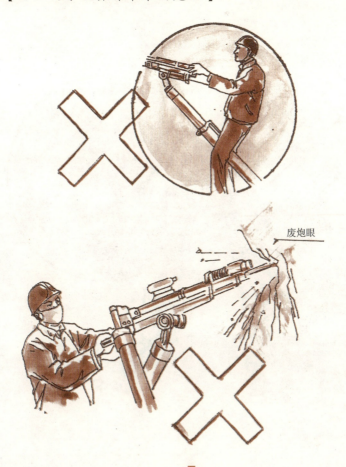

废炮眼

图说　建筑机械使用安全技术规程强制性条文

5.13.16　在装完炸药的炮眼5m以内，严禁钻孔。

【防止由于振动等原因容易造成炸药意外爆炸】

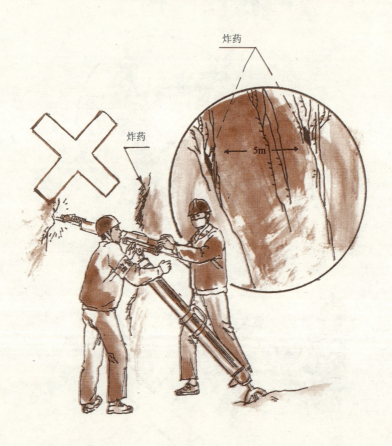

5.14.3　电缆线不得敷设在水中或在金属管道上通过。施工现场应设标志，严禁机械、车辆等在电缆上通过。

【电动凿岩机作业时应注意对电缆线的保护，防止由于绝缘老化、渗水、机械损伤等原因而发生事故】

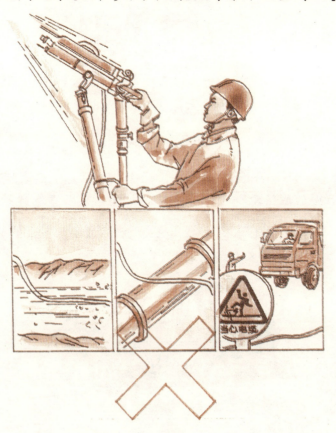

水平和垂直运输机械

6.1.15 在坡道上停放时，下坡停放应挂上倒档，上坡停放应挂上一档，并应使用三角木楔等塞紧轮胎。

【防止车辆因重力产生滑动，停放后应进行检查，切实将各车轮揳牢】

6.2.2 不得人货混装。因工作需要搭人时，人不得站在货物之间或货物与前车厢板间隙内。严禁攀爬或坐卧在货物上面。

【车厢底板为钢板制作，行车和制动时，货物因惯性滑向前方。所以货物应绑扎牢靠，人如果站立在前车厢板间隙内易被挤伤，更不准爬卧在货物上，以防因位置高而不稳定、晃动大，遇紧急制动或转弯时容易造成事故】

6.2.4 运载易燃、有毒、强腐蚀等危险品时，其装载、包装、遮盖必须符合有关的安全规定，并应备有性能良好、有效期内的灭火器。途中停放应避开火源、火种、居民区、建筑群等，炎热季节应选择阴凉处停放。装卸时严禁火种。除必要的行车人员外，不得搭乘其他人员。严禁混装备用燃油。

【运载易燃易爆及有毒等危险品时，必须事先学习有关安全规定，并严格遵守。特别对危险品要严格控制火种、火源，远离燃油，应注意停放处周围环境和严禁吸烟】

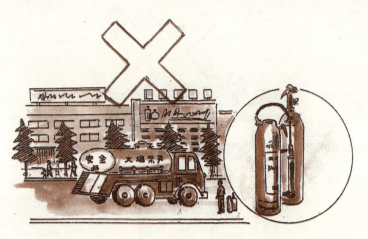

水平和垂直运输机械

6.3.3 配合挖装机械装料时,自卸汽车就位后应拉紧手制动器,在铲斗需越过驾驶室时,驾驶室内严禁有人。

【为防止铲斗或土石块下坠砸坏驾驶室时,导致发生人身伤害事故】

6.3.6 卸料后，应及时使车厢复位，方可起步，不得在倾斜情况下行驶。严禁在车厢内载人。

【自卸汽车车厢未复位就起步，会造成车辆重心外移失稳。如上方有较低的架空线路时，还容易挂断线路造成事故】

6.5.4 油罐车工作人员不得穿有铁钉的鞋。严禁在油罐附近吸烟,并严禁火种。

【燃油的最大危险是接近火源,任何不注意产生的火花、火种、静电、局部高温等都会带来危险,应严格控制】

6.5.6 在检修过程中，操作人员如需要进入油罐时，严禁携带火种，并必须有可靠的安全防护措施，罐外必须有专人监护。

【在油罐中的油燃料已放尽后，仍有易燃混合汽体存在，遇到火花易爆燃。必须按照有关规定进行清洗。进入前应经检测确认符合要求，并采取可靠的安全防护措施，方可进入】

水平和垂直运输机械

6.5.7　车上所有电气装置,必须绝缘良好,严禁有火花产生。车用工作照明应为36V以下的安全灯。

【主要防止油罐车遇火花引起火灾,每次运输前都应认真进行检查】

6.7.9 严禁料斗内载人。料斗不得在卸料工况下行驶或进行平地作业。

【机动翻斗车料斗的倾翻是靠本身的自重实现的。正常行驶时,料斗复位由锁紧装置保险。若料斗内载人或遇到锁紧装置失灵时,由于重心不稳,会给斗内人员带来危害。如果行使中料斗拖地、平地,容易造成机械损坏和翻车事故】

水平和垂直运输机械

6.7.10 内燃机运转或料斗内载荷时,严禁在车底下进行任何作业。

【任何机动车进行检修、保养时均应停机进行。机动翻斗车大都采用单(双)缸柴油机,运转时振动较大,如此时进入车底下作业,极易因车辆移动而造成伤害事故】

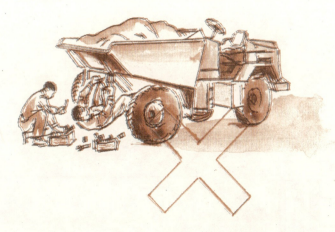

6.9.9 以内燃机为动力的叉车,进入仓库作业时,应有良好的通风设施。严禁在易燃、易爆的仓库内作业。

【内燃机叉车运行时产生的有害气体影响人体健康,在室内作业时应有一定良好的通风,使有害气体及时排除。在易燃易爆仓库内作业,叉车产生的爆燃、排气温度高和出现火花现象,会引发火灾】

水平和垂直运输机械

6.12.1 施工升降机应为人货两用电梯,其安装和拆卸工作必须由取得建设行政主管部门颁发的拆装资质证书的专业队负责,并必须由经过专业培训,取得操作证的专业人员进行操作和维修。

【施工升降机是需重复安装的起重机械,作业时危险性大,技术性强,必须按规定由具有相应资质的专业队伍进行。作业前应制定拆装方案】

6.12.9 升降机安装后,应经企业技术负责人会同有关部门对基础和附壁支架以及升降机架设安装的质量、精度等进行全面检查,并应按规定程序进行技术试验（包括坠落试验),经试验合格签证后,方可投入运行。

【升降机的基础和附壁支架的安装质量直接影响整机的稳定性。因此,无论是新设备还是重复安装的设备,除应认真进行技术检查外,还必须进行技术试验并有试验记录。运行试验时必须同时检验各安全装置(包括梯笼坠落试验),确认符合要求后方可投入运行】

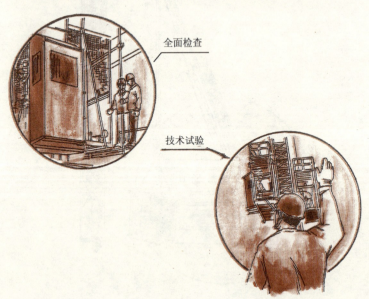

全面检查

技术试验

桩工及水工机械

7.1.4 打桩机作业区内应无高压线路。作业区应有明显标志或围栏,非工作人员不得进入。桩锤在施打过程中,操作人员必须在距离桩锤中心5m以外监视。

【打桩机作业前,应对现场环境进行检查,凡影响作业的各种架空线路及设施应先进行处理。由于打桩机在作业过程中具有危险性,故应将作业区围圈。为防止作业过程中发生倒桩、断桩伤人等情况,操作人员必须离开一定距离】

图说 建筑机械使用安全技术规程强制性条文

7.1.8 严禁吊桩、吊锤、回转或行走等动作同时进行。打桩机在吊有桩和锤的情况下,操作人员不得离开岗位。

【打桩机作业时,若几种动作同时进行,不但容易造成误动作,也会使机械不稳定、超负荷而发生事故。另外,在作业中操作人员离开桩机会导致事故发生。因此,必须将桩锤落到底部,切断动力后,方可离开】

桩工及水工机械

7.3.11 悬挂振动桩锤的起重机，其吊钩上必须有防松脱的保护装置。振动桩锤悬挂钢架的耳环上应加装保险钢丝绳。

【振动打桩机是利用振动锤产生的高频激振力使桩沉入土中的。为防止振动锤脱钩，要加装防松脱保护装置和防止钢丝绳受振后发生松脱的保险装置，以确保施工安全】

保险钢绳

防松脱保护装置

7.5.18 压桩时,非工作人员应离机10m以外。起重机的起重臂下,严禁站人。

【压桩机作业过程中,有可能发生倒桩等意外危险。操作人员应尽量远离作业区,以确保安全】

7.6.7　夯锤下落后，在吊钩尚未降至夯锤吊环附近前，操作人员不得提前下坑挂钩，从坑中提锤时，严禁挂钩人员站在锤上随锤提升。

【操作人员如果提前下坑，在吊钩下降过程中，由于摆动，容易伤害人员。操作人员如果站在锤上随同提升，则因锤摆动或在提升过程中发生机械故障，会造成人身事故】

7.11.2 潜水泵放入水中或提出水面时，应先切断电源，严禁拉拽电缆或出水管。

【潜水泵出入水操作时，要求先切断电源。主要为防止触电事故。如果拉拽电缆或出水管，不仅连接处松动、脱落，也会拉断电缆，损伤绝缘，造成人身伤害事故】

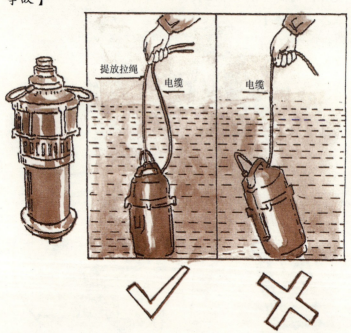

混凝土机械

8.2.13 搅拌机作业中,当料斗升起时,严禁任何人在料斗下停留或通过;当需要在料斗下检修或清理料坑时,应将料斗提升后用铁链或插入销锁住。

【主要是防止料斗提升和倒料时发生倾斜、钢丝绳出槽等情况造成料斗突然下降造成伤人事故。搅拌机都应设有料斗安全锁链,需要在料斗下方作业时,必须要锁住料斗】

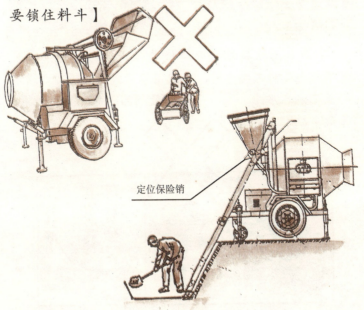

定位保险销

8.8.3　电缆线应满足操作所需的长度。电缆线上不得堆压物品或让车辆挤压，严禁用电缆线拖拉或吊挂振动器。

【混凝土振捣器的电缆线要保持一定长度，当长度不能满足施工要求时，应配用移动式开关箱。电缆不得长期泡在水中和在其上面堆放物品，防止损坏绝缘，导致事故】

钢筋加工机械

9.5.2　冷拉场地应在两端地锚外侧设置警戒区,并应安装防护栏及警告标志。无关人员不得在此停留。操作人员在作业时必须离开钢筋2m以外。

【冷拉钢筋作业时有一定危险性。为防止伤害事故,除要求操作人员应注意防护外,还要在作业区范围设置围栏和标志,提示非操作人员应远离作业区】

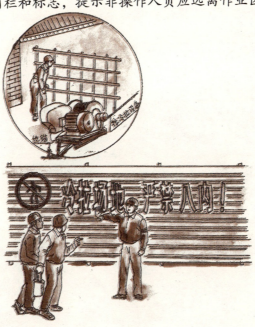

10.6.2　喷涂燃点在21℃以下的易燃涂料时，必须接好地线，地线的一端接电动机零线位置，另一端应接涂料桶或被喷的金属物体。喷涂机不得和被喷物放在同一房间里，周围严禁有明火。

【为防止涂料经管口喷出时，极易产生静电火花，遇到燃点较低的涂料容易引起火灾。而在绝缘体上附着的静电消散又很慢，接好地线是为加速放电，消除静电引起的危险】

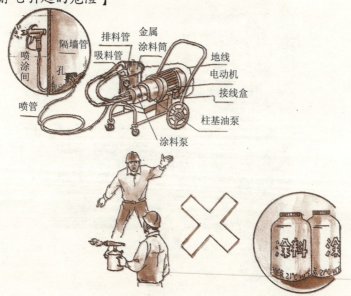

铆焊设备

铆焊设备

12.1.2 焊接操作及配合人员必须按规定穿戴劳动防护用品。并必须采取防止触电、高空坠落、瓦斯中毒和火灾等事故的安全措施。

【焊接作业过程中产生的金属烟尘、有害气体对人体有危害,光辐射同样会伤害眼睛和皮肤,所以应穿戴防护用品。电焊作业时,除要求作业区无易燃易爆品及焊机应符合规定外,在焊机的一次侧应设置漏电保护器,二次侧应设防触电装置,以防止发生触电事故】

图说 建筑机械使用安全技术规程强制性条文

12.1.9 对承压状态的压力容器及管道、带电设备、承载结构的受力部位和装有易燃、易爆物品的容器严禁进行焊接和切割。

【焊接承压的容器及管道之前，应首先停止加压，关闭阀门和打开孔道。对带电设备应先切断电源和临时拆除接地线。钢结构在承力状态下焊接，会造成局部变形使结构失稳。装有易燃易爆容器因焊接产生热源会引发火灾和爆炸等事故】

铆焊设备

12.1.13 高空焊接或切割时,必须系好安全带,焊接周围和下方应采取防火措施,并应有专人监护。

【高处作业具有一定危险性,为防止高处坠落,作业人员应系牢安全带。焊接作业的下方及周围不能有易燃物品,要及时清理防止飞溅焊渣引燃发生火灾。应有专人监护和准备好灭火器材】

后记

对几个未画强制性条文的说明：

4.4.42 起重机载人专用电梯严禁超员，其断绳保护装置必须可靠。当起重机作业时，严禁开动电梯。电梯停用时，应降至塔身底部位置，不得长时间悬在空中。

【国内生产的塔式起重机都不带专用载人电梯设备，已停产的下回转塔式起重机可升降的司机室作电梯的已停用。本条当前已没有普遍意义，所以不画】

12.1.11 当需施焊受压容器、密封容器、油桶、管道、沾有可燃气体和溶液的工件时，应先消除容器及管道内压力，消除可燃气体和溶液，然后冲洗有毒、有害、易燃物质；对存有残余油脂的容器，应先用蒸汽、碱水冲洗，并打开盖口，确认容器清洗干净后，再灌满清水方可进行焊接。在容器内焊接应采取防止触电、中毒和窒息的措施。焊、割密封容器应留出气孔，必要时在进出口处装设通风设备；容器内照明电压不得超过12V，焊工与焊件间应绝缘；容器外应设专人监护。严禁在已喷涂过油漆和塑料的容器内焊接。

【本章前几条条文已将本条内容分别叙述，故没有必要综合再画】

后 记

12.14.6 电石起火时,必须用干砂或二氧化碳灭火器,严禁用泡沫、四氯化碳灭火器灭火,电石粒末应在露天销毁。

【这是上世纪90年代以前在工地上使用乙炔发生器时的规定,如今已有专业厂生产瓶装乙炔,故工地不再用电石生产乙炔,本条已无意义】

12.14.16 未安装减压器的氧气瓶严禁使用。

【由于瓶装时压力高,如果没有装减压阀的氧气瓶就无法使用】